一本神奇的减压涂色书

和谐秘境

【英】伊丽莎白·詹姆斯/绘

哈尔滨出版社
HARBIN PUBLISHING HOUSE

黑版贸审字08-2015-057号

图书在版编目（CIP）数据

和谐秘境=Completely Calming Colouring Book 1：PEACE／（英）詹姆斯绘. —哈尔滨：哈尔滨出版社，2015.12

ISBN 978-7-5484-2297-6

Ⅰ. ①和… Ⅱ. ①詹… Ⅲ. ①心理压力—心理调节—通俗读物②绘画技法—通俗读物 Ⅳ. ①B842.6-49 ②J21-49

中国版本图书馆CIP数据核字（2015）第230042号

书　　名：和谐秘境

作　　者：［英］伊丽莎白·詹姆斯 绘
责任编辑：杨浥新 蔡薇薇
责任审校：李 战
装帧设计：小萌虎设计部：李心怡

出版发行：哈尔滨出版社（Harbin Publishing House）
社　　址：哈尔滨市松北区世坤路738号9号楼　邮编：150028
经　　销：全国新华书店
印　　刷：北京旭丰源印刷技术有限公司
网　　址：www.hrbcbs.com　www.mifengniao.com
E-mail：hrbcbs@yeah.net
编辑版权热线：（0451）87900271　87900272
邮购热线：4006900345（0451）87900345　或登录蜜蜂鸟网站购买
销售热线：（0451）87900201　87900202　87900203

开　　本：787mm×1092mm　1/16　印张：4　字数：1千字
版　　次：2015年12月第1版
印　　次：2015年12月第1次印刷
书　　号：ISBN 978-7-5484-2297-6
定　　价：36.00元

凡购本社图书发现印装错误，请与本社印制部联系调换。　服务热线：（0451）87900278
本社法律顾问：黑龙江佳鹏律师事务所

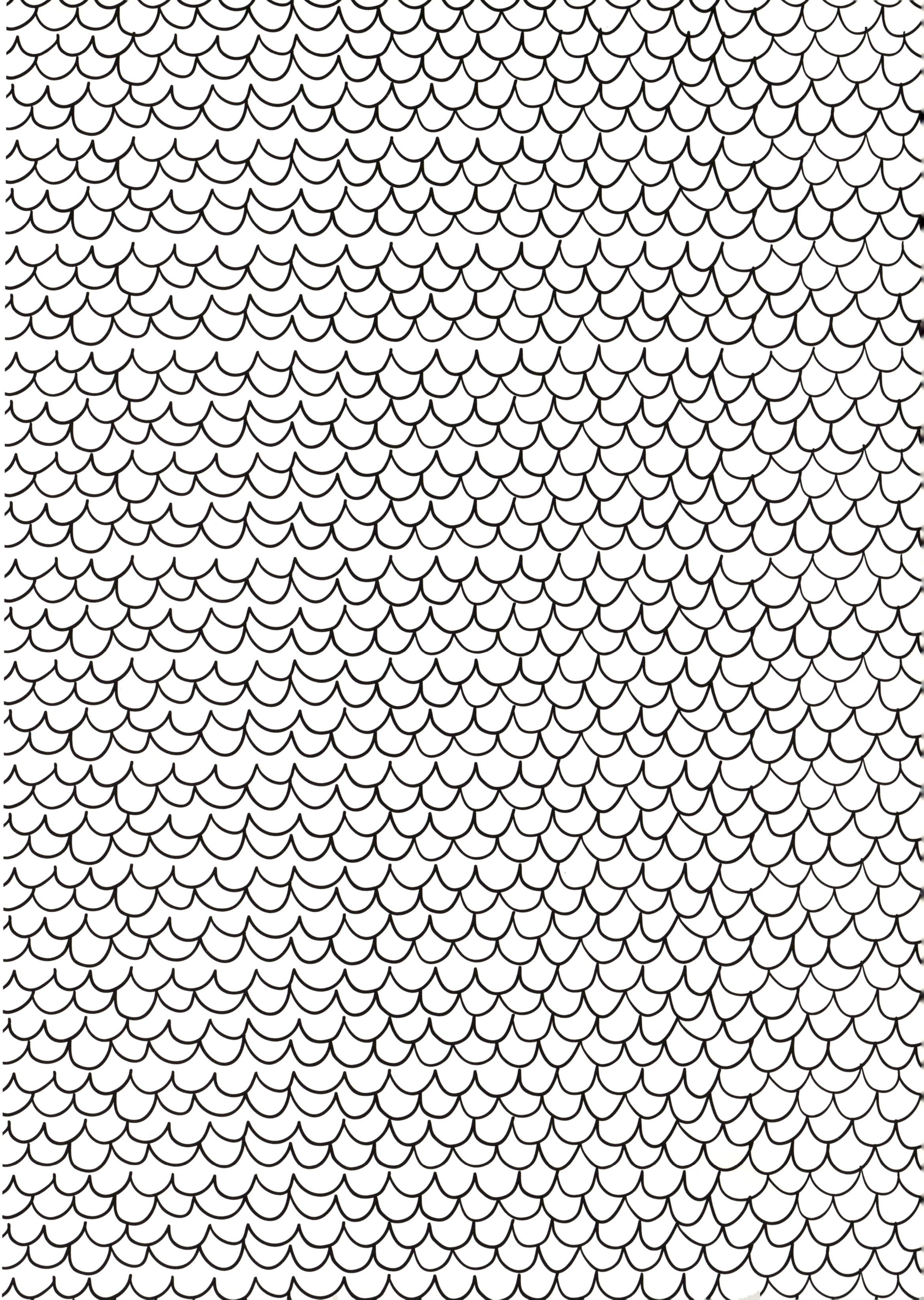

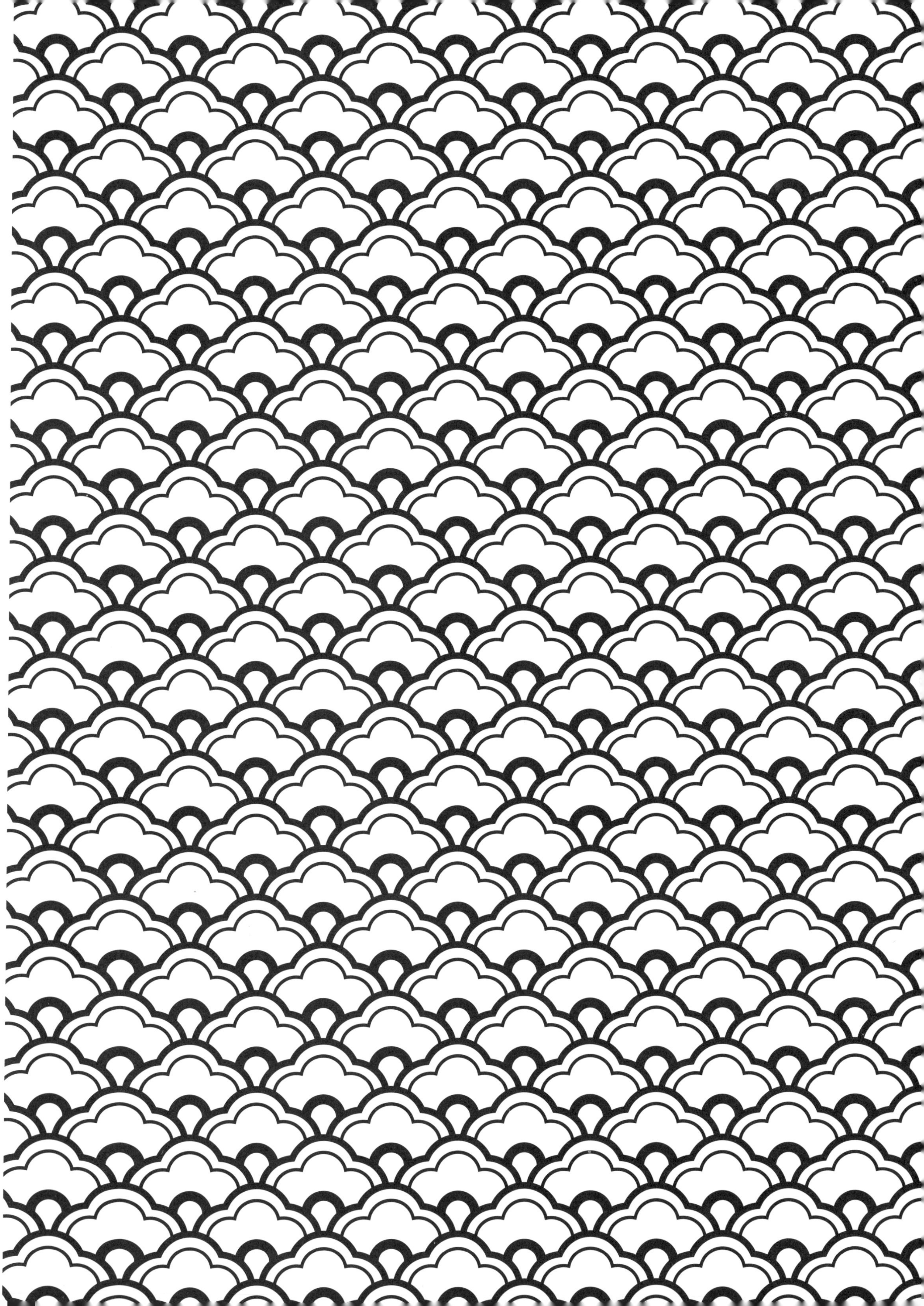